BEI GRIN MACHT SICH IHR WISSEN BEZAHLT

- Wir veröffentlichen Ihre Hausarbeit, Bachelor- und Masterarbeit

- Ihr eigenes eBook und Buch - weltweit in allen wichtigen Shops

- Verdienen Sie an jedem Verkauf

Jetzt bei www.GRIN.com hochladen und kostenlos publizieren

Bibliografische Information der Deutschen Nationalbibliothek:

Die Deutsche Bibliothek verzeichnet diese Publikation in der Deutschen National-
bibliografie; detaillierte bibliografische Daten sind im Internet über http://dnb.d-
nb.de/ abrufbar.

Dieses Werk sowie alle darin enthaltenen einzelnen Beiträge und Abbildungen
sind urheberrechtlich geschützt. Jede Verwertung, die nicht ausdrücklich vom
Urheberrechtsschutz zugelassen ist, bedarf der vorherigen Zustimmung des Verla-
ges. Das gilt insbesondere für Vervielfältigungen, Bearbeitungen, Übersetzungen,
Mikroverfilmungen, Auswertungen durch Datenbanken und für die Einspeicherung
und Verarbeitung in elektronische Systeme. Alle Rechte, auch die des auszugsweisen
Nachdrucks, der fotomechanischen Wiedergabe (einschließlich Mikrokopie) sowie
der Auswertung durch Datenbanken oder ähnliche Einrichtungen, vorbehalten.

Impressum:

Copyright © 2014 GRIN Verlag, Open Publishing GmbH
Druck und Bindung: Books on Demand GmbH, Norderstedt Germany
ISBN: 9783656984634

Dieses Buch bei GRIN:

http://www.grin.com/de/e-book/275278/erheben-auswerten-und-darstellen-von-
daten-im-mathematikunterricht-statistische

Raphael Mayer

Erheben, Auswerten und Darstellen von Daten im Mathematikunterricht. Statistische Erhebungen einer Umfrage zur Schülersprecherwahl

GRIN Verlag

GRIN - Your knowledge has value

Der GRIN Verlag publiziert seit 1998 wissenschaftliche Arbeiten von Studenten, Hochschullehrern und anderen Akademikern als eBook und gedrucktes Buch. Die Verlagswebsite www.grin.com ist die ideale Plattform zur Veröffentlichung von Hausarbeiten, Abschlussarbeiten, wissenschaftlichen Aufsätzen, Dissertationen und Fachbüchern.

Besuchen Sie uns im Internet:

http://www.grin.com/

http://www.facebook.com/grincom

http://www.twitter.com/grin_com

Dokumentation zur Zweiten Staatsprüfung für das Lehramt an Grund-, Haupt-
und Werkrealschulen nach der GHPO II vom 9. März 2007

Schülersprecherwahl 2013 – im Wahlcheck

Das Meinungsforschungsinstitut – die Klasse 4a – informiert rund um die Wahlen!

Die Schülerinnen und Schüler erwerben Kenntnisse über Daten erheben, darstellen und auswerten, indem sie eigene statistische Erhebungen in einer Schülerumfrage zur Schülersprecherwahl 2013 an ihrer Schule durchführen, auswerten
und darüber informieren.

Lehramtsanwärter: Raphael Mayer

Fach: Mathematik
Klasse: 4a (21 Schüler)

Inhaltsverzeichnis

1. Motivation und Begründung der Themenwahl

Das Superwahljahr 2013 in Deutschland, in dem neben der Wahl zum Bundestag am 22. September zudem die Landtagswahlen in Niedersachsen, Schleswig-Holstein, Bayern und Hessen anstanden, ist ein willkommener Anlass, um nicht nur aktuelle Fragen der Demokratie zu erörtern, sondern auch darzustellen, dass eher Zahlen als Wörter die Wahlen bestimmen.

Wie spannend und ungewiss nicht nur der Ausgang der Wahl am „Wahlabend" sein kann, sondern auch wie wichtig und entscheidend die Wahlprognosen der Forschungsinstitute sind, erlebten die Schülerinnen und Schüler[1] der Klasse 4a als „Meinungsforschungsinstitut". Sie waren Expertinnen und Experten bei der Wahl des Schülersprechers 2013 an ihrer Schule. Sie informierten die jungen Wählerinnen und Wähler der Grund- und Werkrealschule über die wichtigsten Fragen, Ziele und Themen.

Die Schülersprecherwahl 2013 fand am 25. November 2013 statt. Die Schüler der Klasse 4a haben eine Schülerumfrage zur Wahl erstellt. Die Schülerumfrage startete am 09. Oktober und lief bis zum 08. November 2013 und war online abzurufen und auszufüllen[2].

Im alltäglichen Leben werden wir fast ununterbrochen mit allen möglichen Daten konfrontiert. Auch Grundschüler werden mit diesen Daten konfrontiert. Diese werden auf unterschiedliche Art und Weise präsentiert, dabei werden die Zahlen mal mehr und mal weniger redlich eingesetzt. Die Schüler benötigen Erfahrungen, um unterschiedliche Darstellungen erfassen und interpretieren zu können. Für die Schüler wird es immer wichtiger, selbst Informationen in Form graphischer Darstellungen zu verdichten. Sie können sich so vor Manipulation schützen und als „mündiger Bürger" nach Klafki (1996, S.56ff) partizipieren.

> „Wer sich mit Zahlen nicht auskennt, wird früher oder später übers Ohr gehauen werden – das war immer so. Heute aber ist der Mathematik-Analphabet darüber hinaus schutzlos den Manipulationsversuchen durch Daten, Grafiken und Statistiken ausgeliefert – auch die Demokratie braucht die Mathematik, wenn sie funktionieren soll" (Hesse, vom 27./28. Juli 2013, SZ).

Im Vordergrund der Unterrichtseinheit lag die Durchführung eigener statistischer Erhebungen mit Einsatz von Computer und Multimedia.

---

[1] Der Einfachheit halber bezeichnet „Schüler" im Folgenden Jungen und Mädchen.
[2] https://www.umfrageonline.com/s/Schuelersprecherwahl2013 (online, 08.11.2013)

2. Bedingungen der Lerngruppe

Die Schüler haben bereits Vorkenntnisse am Umgang mit dem Computer. In der dritten Jahrgangsstufe erwerben die Kinder einen „Computerführerschein", der sie zur Benutzung des Computers im Computerraum berechtigt. Jedes Kind erhält einen eigenen Zugang mit seinem Benutzernamen. Die Schüler können mit Word arbeiten und kleine Texte schreiben bzw. abschreiben.

Zu Beginn der Unterrichtseinheit wurde eine Lernstandserhebung mit Aufgaben zu den Bildungsstandards durchgeführt. Hinsichtlich der Leitidee „Daten und Sachrechnen" weisen die Schüler recht gute Kenntnisse und Fähigkeiten auf. Das Entnehmen von Informationen aus einer Tabelle ist bei den Schülern zu knapp 75 Prozent gut ausgeprägt. Das Entnehmen von Informationen aus graphischen Darstellungen zum Beispiel von einem Säulendiagramm, stellt für die meisten Schüler kein Problem dar (70 Prozent). Ohne Vorgabe ein Säulendiagramm zu zeichnen erledigen über 50 % der Schüler mit guten Ergebnissen. Die mathematischen Fähigkeiten der Lerngruppe zu den Bildungsstandards von der Leitidee Daten kann aufgrund der Lernstandserhebung von mir insgesamt als gut bezeichnet werden. Der Schwerpunkt der Unterrichtpraxis liegt daher auf dem Erheben eigener statistischer Daten in Form einer Schülerumfrage und dem Darstellen der Daten mit Hilfe des Computers, sowie deren Auswertung.

3. Fachliche Überlegungen

In diesem Abschnitt stelle ich die wesentlichen Aufgaben der beschreibenden Statistik vor. Insbesondere möchte ich dabei auf folgende drei Bereich eingehen: „Daten erheben, auswerten und darstellen". Diese drei Bereiche gliedern sich des Weiteren in folgende Aspekte:

- Messvorgang,
- Skalenniveaus und
- graphische Darstellung von Daten.

Die Hauptaufgabe der beschreibenden Statistik ist die Datenreduktion. Es gilt, die schwer überschaubaren Datenmengen auf das Wesentliche zu reduzieren und „das Wesentliche mit verständlichen, informativen (meistens graphischen) Darstellungen bereitzustellen, um ein möglichst unverzerrtes Bild des Sachverhalts zu erhalten" (Büchter, Henn 2005, S.13).
Bei der Datenerhebung von einer Stichprobe unterscheidet man zwischen dem Merkmalsträger, dem Merkmal und der Merkmalsausprägung. Die Merkmalsträger sind die untersuchten

Objekte. Das Merkmal ist die untersuchte Eigenschaft der Untersuchungsobjekte/ bzw. der Merkmalsträger. Die Merkmalsausprägung ist die Quantifizierung oder Qualifizierung der Merkmale. Eine Stichprobe ist die Menge aller untersuchten Merkmalsträger. Die Grundgesamtheit ist die Menge aller potenziellen Merkmalsträger (vgl. Büchter, Henn 2005, S. 16f). Ein Beispiel aus der vorliegenden Schülerumfrage ist die Erhebung des Geschlechts des künftigen Schülersprechers (Merkmal), die Merkmalsträger sind die Schülerinnen und Schüler, die Merkmalsausprägung ist männlich oder weiblich.

<u>Skalenniveaus</u>

Eine Skala ist ein Instrument, mit dem man ein Merkmal misst. Bei dem Messvorgang werden den Merkmalsausprägungen bestimmte Symbole (reelle Zahlen) zugeordnet. Die Skalentypen lassen sich nach dem Messniveau in vier Kategorien einteilen: Nominalskala, Ordinalskala, Intervallskala und Verhältnisskala. Mit zunehmendem Skalenniveau steigen die mathematischen Eigenschaften und mathematische Aussagekraft (vgl. Büchter, Henn 2005, S.21).

In der vorliegenden Schülerumfrage sind ausschließlich Merkmale erhoben worden, die mit den ersten beiden Skalentypen gemessen werden können. Aus diesem Grund werden die letzeren Skalenniveaus an dieser Stelle verkürzt dargestellt.

Bei der Nominalskala unterscheiden sich die Merkmalsausprägungen nur qualitativ voneinander. Die Ausprägungen lassen sich in keine sinnvolle Reihenfolge bringen oder sich sinnvoll vergleichen. Beispiele für die Nominalskala sind das Geschlecht, oder Charaktereigenschaften des Schülerpsrechers. Bei der mathematischen Auswertung der Untersuchung gibt es nur sehr eingeschränkte Möglichkeiten. Man kann lediglich zählen, wie oft die Geschlechter jeweils vorkommen und welches am häufigsten vorkommt (Modalwert). Bei der Ordinalskala oder Rangskala lassen sich die Merkmalsausprägungen in eine angemessene, sinnvolle Ordnung bringen und sinnvoll vergleichen. Die Codezahlen die man den Merkmalsausprägungen zuschreibt, lassen sich als eine Kleiner-gleich-Relation wiedergeben. Beispiele hierfür sind alle möglichen Rankings (z.B. Einschätzungen, Klassenstufe), Beurteilung positiver und negativer Merkmale. Möglicher, erlaubter Rechenvorgang ist die Bestimmung des Medians, also der Wert, der in einer sortierten Datenreihe genau in der Mitte liegt (Büchter, Henn 2005, S.17).

Die Ausprägungen lassen sich nicht sinnvoll vergleichen, bzw. addieren oder subtrahieren, weil die Abstände nicht gleich groß sind. Etwa bei dem Merkmal Bedeutung des Amtes eines Schülersprechers. Die Merkmalsausprägungen: gar nicht (1), weniger (2), mittel (3) wichtig

(4) und sehr wichtig (5) sind zu vage, als dass man die Differenzen zweier reeller Zahlen sinnvoll vergleichen kann.

Bei Daten auf Intervallskalenniveau sind die Abstände (Intervalle) zwischen den einzelnen Merkmalsklassen gleich groß. Daten auf Ratioskalenniveau haben neben der Unterscheidungs- und Rangordnungsmöglichkeit sowie der gleichen Intervallgröße einen absoluten Nullpunkt. Der Messwert Null entspricht der tatsächlichen Abwesenheit des Merkmals. Daten auf Intervall- sowie Ratioskalenniveau werden vielfach auch als quantitative bzw. metrische Daten bezeichnet.

<u>Graphische Darstellung von Daten.</u>
Von empirischer Bedeutung ist die Frage, welche graphische Darstellung für ein bestimmtes Skalenniveau erlaubt ist. Das Säulendiagramm ist für ordinal skalierte Merkmale geeignet. Hier sollte die Ordnung der Merkmalsausprägungen beibehalten werden. An den Höhen der Säulen kann man sehr leicht die relative bzw. absolute Häufigkeiten ablesen. Bei einem Säulendiagramm werden die absoluten bzw. relativen Häufigkeiten der Merkmalsausprägung als Höhe von Säulen interpretiert.
Als graphische Darstellung des Merkmals Geschlecht des künftigen Schülersprechers ist das Kreisdiagramm sehr gut geeignet. Das Kreisdiagramm gibt die relativen Häufigkeiten durch die Größe der Kreisausschnitte (Tortenstücke) an. Bei den Kreisausschnitten entsprechen die Verhältnisse von Flächeninhalten, Bogenlängen und Winkeln einander. Ein Vorteil des Kreisdiagramms ist, dass man die absolute Mehrheit leicht ablesen kann und es wird daher oft bei Wahlen verwendet.

Die absolute Häufigkeit einer Merkmalsausprägung gibt die Anzahl ihres Auftretens an (absolut). Die relative Häufigkeit einer Merkmalsausprägung ist der Anteil dieser Anzahl an der Gesamtzahl der Merkmalsträger (relativ)[3].

Das wichtigste Anliegen der graphischen Darstellungen ist die Visualisierung, um für den Beobachter eine übersichtliche und unverfälschte Präsentation der für einen Sachzusammenhang wichtigen Informationen herzustellen. Einige allgemeine Kriterien für eine graphische Darstellung lassen sich daraus ableiten:
- „Die y-Achse beginnt bei Null und ist gleichmäßig eingeteilt.

---

[3] In der Schülerumfrage wurden Merkmalsausprägungen fast ausschließlich in absoluten Häufigkeiten angegeben.

- Die x-Achse ist gleichmäßig eingeteilt. Der im Bildausschnitt dargestellte Bereich der x-Werte ist möglichst sachangemessen gewählt.

- Die durch die verwendeten Symbole dargestellten Maße sind proportional zu den Zahlen, die sie darstellen sollen.

- Alle Festlegungen von Achsenausschnitten, Einheiten usw. sind möglichst wenig willkürlich, sondern liegen durch die Fragestellung inhaltlich nahe." (Büchter, Henn 2005, S.41)

4. Didaktische und lerntheoretische Überlegungen

In diesem Kapitel möchte ich begründen, warum die Leitidee „Daten und Sachrechnen" im Bildungsplan für einen allgemeinbildenden Mathematikunterricht bedeutungsvoll ist. Zudem soll geklärt werden, welche Kompetenzen die Schüler beim Durchführen eigener statistischer Erhebungen, am Beispiel einer Meinungsumfrage zur Schülersprecherwahl 2013 an ihrer Schule erwerben.

Ein wesentliches Bildungsziel zur Leitidee „Daten" ist das Zurechtfinden in der Informationsgesellschaft und in der rasanten Datenflut. Die Durchführung einer Umfrage zur Schülersprecherwahl 2013 bietet die Chance, dass die Schüler eigene Daten erheben, auswerten und darstellen und dabei statistische Methoden und Kenntnisse kennen lernen. Ein weiteres Lernziel eines allgemeinbildenden Mathematikunterrichts ist die Sensibilisierung gegenüber einem zweifelhaften Gebrauchs und bewusster Manipulation durch Statistik durch die Medien. Am Ende der Unterrichtseinheit können die Schüler selber Meinungsumfragen durchführen und auswerten. Sie erfahren, dass mithilfe des Computers mit dem Programm Excel einfach und unkompliziert Diagramme erstellte werden können.

„Der Computer gehört zur Lebenswelt der Kinder und vier von fünf Elternteilen wünschen sich, dass der Umgang mit dem Computer und dem Internet in der Schule erlernt wird" (S. Ladel 2012, S.4). Dies geht aus der KidsverbraucherAnalyse 2011 hervor.

Die Arbeit mit Excel bietet für die Schüler viele Möglichkeiten. Sie erwerben statistische Kenntnisse, in dem sie verschiedene Darstellungsarten miteinander vergleichen. Die Diagramme sind schnell zu erzeugen und können nebeneinander auf dem Monitor angezeigt werden. Dies bietet auch für schwächere Schüler die Chance, die Schwierigkeiten beim Zeichnen von Säulendiagrammen haben, die Säulen ohne „große Mühe" schnell und einfach erstellen zu können. Jedoch ist diese didaktische Reduktion von großem Vorteil für alle Schüler, da das

Entnehmen von Informationen aus Diagrammen und darüber hinaus das Darstellen von Daten auf verschiedene Art und Weise im Mittelpunkt steht.

Die Schüler können durch Ausprobieren Merkmale einer guten Darstellung selbständig entdecken. Für die Präsentation der Ergebnisse der Schülersprecherwahl 2013 ist es bedeutungsvoll zwischen einer guten und einer schlechten Darstellung zu unterscheiden. Das Kreisdiagramm eignet sich etwa nur für die Darstellung von 2-4 Merkmalsausprägungen. Die Schüler können ebenfalls entdecken, dass sich Schaubilder leicht manipulieren lassen, indem die x-Achse nicht bei Null beginnt.

In der vorliegenden Unterrichtseinheit gibt es insgesamt vier Schnittstellen, in denen der Computer und das Internet im Mathematikunterricht eingesetzt werden.

- Beamer-Präsentation
- Online-Umfrage
- Excel-Arbeit
- Artikel für die Schulhomepage

Grundlegend gilt für einen allgemeinbildenden Mathematikunterricht, dass sowohl inhaltliche als auch allgemeine Lernziele verfolgt werden sollen. Wichtig ist, dass die Integration und Förderung allgemeiner Lernziele nicht hinten angestellt wird, sondern die Kinder im Mathematikunterricht eine gewisse Gewohnheit erkennen (vgl. Krauthausen, Scherer 2008, S. 157f.). Im Folgenden werden die Kompetenzen der Bildungsstandards beschrieben und exemplarisch aufgezeigt, wie Inhalte und Prozesse in der vorliegenden Unterrichtseinheit bearbeitet werden können (vgl. Kultusministerkonferenz 2004).

Mathematisch argumentieren:
Die Schüler stellen Fragen und äußern Vermutungen, die im Zusammenhang mit statistischen Erhebungen sinnvoll und charakteristisch sind (z.B. "Welches Merkmal tritt bei bestimmten Personengruppen häufiger auf?"). Sie können mit mathematischen (formalen und graphischen) Mitteln Interpretationen der Daten bzw. Argumentationen zu Ergebnissen entwickeln.

Mathematische Darstellungen verwenden:
Die Schüler können mannigfaltige Formen der Darstellung von Daten anwenden, interpretieren und unterscheiden, sowie unterschiedliche Darstellungsformen je nach Situation und Zweck auswählen und zwischen ihnen wechseln.

Die Schüler werden während des Unterrichts immer wieder angeregt, sich mit ihren Fragen und Zielen bewusst auseinander zusetzen. Die Schüler können sich während der gesamten Unterrichtseinheit an dem „Fahrplan" orientieren, der im hinteren Teil des Klassenraums an der Magnettafel ständig präsent ist. Dieser ist analog zu dem Modellierungskreislauf aufgebaut. Die Schüler können so schnell visuell überprüfen, wo sie sich gerade befinden. Die einzelnen Phasen der Datenerhebung entsprechen den Phasen des Mathematischen Modellierens nach Werner Blum.

Kommunikation im Mathematikunterricht kann in vielen verschiedenen Situationen angestrebt werden, doch allein den Raum und die Zeit zur Kommunikation einzuräumen reicht nicht aus. Offene Lernangebote bieten die Möglichkeit über individuelle Lösungswege und Entdeckungen zu sprechen. Ein Beispiel, bei der die Kommunikation ein unverzichtbares Element ist, ist die Placemat-Methode.

Bei der Placemat-Methode handelt es sich um ein Verfahren, bei dem kooperative Arbeitsabläufe strukturiert und Arbeitsresultate verschiedener Personen zusammengeführt werden. Damit liefert sie die Möglichkeit, sowohl individuelle Arbeitsergebnisse als auch Ergebnisse aus Gruppenarbeitsprozessen festzuhalten.

4.1 Kompetenzen – Kriterien – kompetenzorientierte Lernziele – Indikatoren

Kompetenz:

Analog zum Modellierungsprozess können die Schüler den Sachverhalt zur Schülersprecherwahl 2013 (mathematisch) problematisieren und planen und erstellen eine Meinungsumfrage an ihrer Schule.

Kriterium	Indikatoren
Anwendungsbezug – Bundestagswahl 2013	<ul><li>Berichten von ihren Erfahrungen von der Bundestagswahl 2013</li><li>tauschen sich über Erfahrungen der letzten Schülersprecherwahl 2012 aus</li><li>zählen Eigenschaften und Aufgaben eines Schülersprechers auf</li><li>bringen Zeitungsartikel zu Wahlen mit</li><li>informieren sich im Fach MNK und im Internet über die Kriterien einer Wahl</li></ul>
Erarbeitung eines Erfassungsbogens	<ul><li>informieren sich am „Fahrplan" über die einzelnen Phasen der Unterrichtseinheit</li></ul>

	• formulieren Fragen für die Schülerumfrage • ordnen den verschiedenen Merkmalen Merkmalsausprägungen zu • geben verschiedene Antwortmöglichkeiten vor • kennen unterschiedliche Fragestellungen

<u>Kompetenz:</u>

Daten mit Hilfe von Strichlisten, Schaubildern, Häufigkeitstabellen, Strecken- und Streifendiagrammen darstellen (Bildungsplan 2004, S.61)

Verschiedene Darstellungen des gleichen Sachverhalts miteinander vergleichen (Bildungsplan 2004, S.61)

Kriterien	Indikatoren
Daten darstellen/ auswerten	• übertragen die Rohdaten der Ergebnisse der Schülerumfrage in das Tabellenkalkulationsprogramm Excel • erstellen in Excel eine Tabelle • vergleichen die mannigfaltigen Darstellungsarten von Excel und wählen die anschaulichste aus
Präsentation	• Auswirkung der Meinungsumfrage auf die Schülersprecherwahl 2013 beschreiben • schreiben einen Artikel über die Ergebnisse der Meinungsumfrage • stellen die Schaubilder am Rande der Vorstellungsrunde der Kandidaten ihren Mitschülern der Grund- und Werkrealschule vor

4.2 Projektorientierung

Im Folgenden erörtere ich die Kennzeichen und Grundprinzipien des projektorientierten Unterrichts, die bei der Planung und Durchführung der vorliegenden Unterrichtseinheit eine wesentliche Rolle gespielt haben. Dazu möchte ich vier Aspekte besonders hervorheben:

- Prozess- und Produktorientierung

- Gesellschaftsrelevanz

- Interdisziplinarität

- Situationsbezogenheit mit Verbindung zum wirklichen Leben und daraus resultierende praktische Erfahrung (Lebensweltbezug)

Prozessorientierung meint, dass der Prozess ebenso wichtig ist, wie der Inhalt und das Ergebnis. Die Schüler konnten während des Unterrichtsprojekts Erfahrungen mit statistischen Erhebungen machen. Ihre Ideen und kritische Meinung bereicherten den Inhalt im Mathematikunterricht. Ich bestärkte die Schüler darin den Prozess immer wieder zu reflektieren und mit den einzelnen Phasen des Modellierungskreislaufs („Fahrplan") zu vergleichen. „Wo befinden wir uns gerade auf dem Fahrplan?" wurde zu einer Leitfrage der Schüler.

Die Gesellschaftsrelevanz des Unterrichtprojekts im Mathematikunterricht steht konträr zum „Relevanz Paradoxon": „Mathematik schwindet augenscheinlich immer mehr aus dem Alltag, während sie in unserer hoch technologischen Gesellschaft immer wichtiger wird" (Engel 2010, S.3). Daten aus Tabellen und Diagrammen zu entnehmen und interpretieren zu können ist jedoch eine wichtige Kompetenz, die bereits in der Grundschule anzubahnen ist (Bildungsplan 2004, S.61). Der Lebensweltbezug geht mit der Frage der Schüler einher: „Wozu brauchen wir das überhaupt?". Diese Frage habe ich jedoch durch eine Öffnung des Unterrichts hin zu einem forschend-entdeckenden Unterricht versucht vorwegzunehmen.

Das Thema: „Die Schülersprecherwahl 2013" ist interdisizplinär zu denken und zu betrachten. Die Schüler haben sich im MNK-Unterricht sowohl mit allgemeinen, demokratischen Prinzipien, als auch mit den Kriterien einer Wahl auseinander gesetzt. Im Deutschunterricht konnten die Schüler die Zeitungsartikel für die Schulhomepage schreiben und überarbeiten.

5. Planung und Durchführung

In diesem Abschnitt stelle ich die Durchführung der Unterrichtseinheit dar. Die Konzeption der Unterrichtseinheit lässt sich in folgende Aspekte unterteilen:

- Einführung und Begründung des Themas
- Genaue Fragestellung für die Datenerhebung finden
- Fragebögen/ Erfassungsbögen erstellen
- Daten erheben
- Auswertung und Präsentation
- Reflexionsphase

Zu Beginn der Unterrichtseinheit wurde eine Lernstandserhebung mit Aufgaben zu den Bildungsstandards durchgeführt (siehe Kapitel Bedingungen der Lerngruppe).

In der ersten Stunde brachten die Schüler ihr Vorwissen über Wahlen im Allgemeinen und die Bundestagswahl im Speziellen ein. Sie trugen ihr Wissen über die Bundestagswahl 2013 und die beteiligten Parteien zusammen. Anhand einer Beamerprojektion informierten sich die

Schüler, wie die Parteien bei der Wahl „abgeschnitten" haben. Die Schüler konnten sich gut auf den Schaubildern zurecht finden. Die Angaben zu den Wahlergebnissen wurden in Prozent angegeben. Es fiel den Schülern zunächst nicht leicht, die Prozentzahlen inhaltlich korrekt zu verwenden. Doch einige Schüler wussten bereits, dass die Hälfte - 50 % und ein Viertel – 25 % Prozent sind.

Auf die Frage, was sie sich von einem Politiker wünschen würden, hatten die Kinder viele Ideen. Sie nannten dabei Themen zur Friedens-, Umwelt-, Verkehrs-, und auch Wirtschaftspolitik. So wünschten sie sich etwa, dass es weniger Baustellen gibt, genügend Arbeit für alle Bürger und Ökostrom der zum Beispiel aus Windrädern gewonnen wird. Auch hatten die Kinder sehr klare Vorstellungen davon, wie eine künftige Bundeskanzlerin oder ein Bundeskanzler sein müsse. Sie verglichen ihre Antworten mit den Umfrageergebnissen des Meinungsforschungsinstituts infratest dimap und überzeugten sich dabei, dass ihre Antworten in vielen Bereichen mit der allgemeinen Umfrage übereinstimmten.

Nun war die Motivation für die eigene Meinungsforschungsumfrage an unserer Schule gebahnt. Die Schüler diskutierten über die anstehende Schülersprecherwahl 2013. Die Kriterien einer Wahl (geheim und gleich) wurden erörtert, da die Schüler über Vorwissen aus dem MNK-Unterricht verfügten.

<u>Genaue Fragestellung für die Datenerhebung finden</u>

Am Modellierungskreislauf („Fahrplan") informierten sich die Schüler über die nächste Phase. Das „Meinungsforschungsinstitut" – die Klasse 4a – waren Expertinnen und Experten für die Schülersprecherwahl 2013. In dieser Phase wurden die Aufgaben eines Schülersprechers dargestellt, sowie die Eigenschaften, die er mitbringen sollte. Aufgrund der herausragenden und verantwortlichen Stellung sollte der Schülersprecher besondere Eigenschaften und Fähigkeiten aufweisen: Interesse an schulischen Angelegenheiten – Verhandlungsgeschick – sicheres Auftreten gegenüber allen – Eigeninitiative – selbständiges und verantwortungsbewusstes Arbeiten – sowie Stehvermögen bei der Durchsetzung schulischer Interessen haben. Die Aufgaben eines Schülersprechers sind ebenso vielseitig wie anspruchsvoll: Der Schülersprecher

- ist Ansprechperson für Schulleitung, Lehrer, Schüler, Eltern, Sekretärin, Hausmeister, …;
- vertritt die Interessen aller Schüler nach innen und auch nach außen und;
- trägt Bitten und Beschwerden aus der Schülerschaft der Schulleitung vor.

Zudem wurde in dieser wichtigen Phase die Durchführung und der Ausgang der letzten Schülersprecherwahl 2012 resümiert. Die Schüler sprachen auch schulinterne Probleme an. Jedes

Jahr fordern die Kandidaten, verlängerte Zeiten für die Hofpausen einzuführen. Tatsächlich ist dies ein beliebtes Wahlversprechen der Kandidaten, das jedoch nicht zu dem eigentlichen Aufgabenbereich eines Schülersprechers gehört.

Des Weiteren meinten die Schüler, dass es auch sinnvoll wäre, wenn es einen eigenen Schülersprecher für die Grundschule geben würde. Zudem sollten auch die Erst- und Zweitklässler den Schülersprecher für die Grundschule wählen dürfen.

Fragebögen/ Erfassungsbögen erstellen

Die Erarbeitung eines Erfassungsbogens erforderte viel Kommunikation und Ausdauer. Die Placemat-Methode bietet sich an dieser Stelle an, um Ergebnisse auf so genannten „Dokumentationsblättern" festzuhalten (Rathgeb-Schnierer 2005, S.171). Zuvor werden Gesprächsregeln ausgehandelt, die auch die Präsentation mit einschließen, bei der es besonders auf das genaue Zuhören ankommt. Zu Anfang, wenn die Kinder noch nicht so geübt im Umgang mit der Placemat-Methode sind, bietet es sich an, exakte Aufgabenstellungen zu formulieren:

-   Überlegt euch eine oder mehrere Fragestellungen (Was wollen wir wissen?).
-   Überlegt euch mögliche Antworten (Wie könnten mögliche Antworten lauten?)
-   Berichtet, was euch besonders wichtig ist. Warum?

Anschließend reflektierten die Gruppen auch über ihre Form der Zusammenarbeit:

-   Erzählt, womit ihr Schwierigkeiten hattet. Konntet ihr sie lösen?
-   Wie ist die Arbeit in eurer Gruppe verlaufen?

Die Gruppeneinteilung erfolgte per Los. Die Gruppengröße war auf vier Schüler beschränkt. Eine Schwierigkeit bei der Erarbeitung des Erfassungsbogens war, adäquate Merkmalsausprägungen zu bestimmen, die erfasst werden sollten. Aus diesem Grund wurde in einer Gruppe das Merkmal „Interessen eines Schülersprechers" schließlich wieder verworfen, da die Kinder hier keine sinnvollen Merkmalsausprägungen fanden.

Weitere Schwierigkeiten ergaben sich bei der Messbarkeit der Merkmale. Fragen, bei denen sich das Merkmal nur auf der Nominalskala messen lässt, ließen sich recht einfach bestimmten Merkmalsausprägungen zuordnen. Bei der Frage nach dem eigenen Kandidierungswunsch zum Schülersprecher zum Beispiel wurden drei Merkmalsausprägungen angegeben (Ja, Nein und Weiß nicht). Ja/Nein-Kategorisierungen gab es noch zu dem Merkmal, ob Erst- und Zweitklässler auch wählen dürfen und ob es einen Schülersprecher für die Grundschule geben soll. Die Experten des Meinungsforschungsinstituts waren sich bewusst einen Wendepunkt im Status quo bei der Schülersprecherwahl 2013 herbeizuführen. Denn die Grundschule hatte bislang keinen eigenen Schülersprecher gehabt und die Erst- und Zweitklässler waren bislang nicht wahlberechtigt gewesen.

Die Schüler fanden aber auch ordinalskalierte Merkmale und Merkmalsausprägungen, die für unsere Meinungsumfrage von großem Interesse waren. Auf einer numerischen Skala von drei bis zehn für die Klassenstufen, wurde ermittelt aus welcher Klasse der zukünftige Schülersprecher, nach dem Wunsch der Wähler, stammen soll.

Die Schüler einigten sich darauf, geschlossene Fragen offenen Fragestellungen gegenüber vorzuziehen. Das standardisierte Vorgehen in Form von vorgegebenen Antwortmöglichkeiten hat den Vorteil bei der Auswertung ökonomischer arbeiten zu können.

Die Ergebnissicherung erfolgte im Plenum. Die Schüler lasen ihre Fragen, die sie stellen wollten vor. Vorne am Laptop mit Beamerprojektion schrieb ich die Fragen mit. Gemeinsam überlegten sich die Schüler die Formulierungen und Reihenfolge der Fragen. Zu letzt wurde der Fragenkatalog online gestellt.

<u>Daten erheben</u>

Die Erhebung der Daten fand online statt. Die Schülerumfrage war ab dem 9. Oktober bis zum 8. November im Internet auszufüllen[4]. Alle Schüler der Grund- und Werkrealschule konnten an der Umfrage teilnehmen. Die Klassenlehrer aller Klassen waren eingeladen mit ihren Schülern im Computerraum die Umfrage auszufüllen. Insgesamt nahmen 94 Schüler (von ca. 250 Schülern) an der Umfrage teil.

<u>Auswertung und Präsentation</u>

Die Schüler haben Vorkenntnisse im Umgang mit dem Computer (siehe Bedingungen der Lerngruppe). Die Aufgabe der Schüler war es nun die Rohdaten der Umfrage in eine Tabelle einzufügen und anschließend eine Grafik zu erstellen. Nachdem den Schülern die Eingabehierarchie am Computer bekannt war, probierten sie selbständig verschiedene Diagramme aus. Zwei Schüler änderten die Farbe der Säulen in Eigenregie. Ein anderer Schüler wollte sein Säulendiagramm in 3d erstellen. Auch hier spielte die Wahl der Farbe für den 3d Effekt eine wichtige Rolle. Die Erstellung der Diagramme am Computer zeigte auch die Manipulationsgefahr auf. Dabei wurde auch über sinnvolle und weniger sinnvolle graphische Darstellungen diskutiert.

---

[4] https://www.umfrageonline.com/s/Schuelersprecherwahl2013 (online, 8.11.2013)

Die fertigen Diagramme wurden zu guter Letzt eine Woche vor der Schülersprecherwahl am Montag, den 18.11.2013 vor dem Schulrektorat ausgehängt. Am Donnerstag, den 21.11.2013 informierte das „Meinungsforschungsinstitut" die Schüler der Schule am Rande der Vorstellungsrunde der Kandidaten über die Umfrageergebnisse des Meinungsforschungsinstituts. Zudem veröffentlichte die Klasse 4a einen Artikel über die Auswertung der Schülerumfrage auf der Schulhomepage[5].

Reflexionsphase

Die Reflexionsphase wurde bereits durch die Darstellung des Modellierungskreislaufs als „Fahrplan" antizipiert. Die Schüler besprachen die einzelnen Schritte bei der Durchführung der Umfrage.

6. Reflexion und Ergebnissicherung

Zum Abschluss der Arbeit möchte ich kurz darstellen, woran sich der Lernzuwachs bei den Schülern anhand der Kompetenzen und Indikatoren festmachen lässt.

Ausgehend von dem mathematischen Vorwissen der Schüler der Klasse 4a zu der Leitidee „Daten und Sachrechnen" wurde eine Schülerumfrage zur Schülersprecherwahl 2013 entwickelt und durchgeführt, die versucht hat den Lebensweltbezug der Schüler mit innermathematischen Inhalten zu vereinen.

Die Schüler konnten Erfahrungen mit der Datenerhebung, -darstellung und -auswertung in Bezug auf ihre Lebenswelt - im Kontext der Schülersprecherwahl - sammeln. Im Mittelpunkt der Unterrichtseinheit stand die Erfahrung der Schüler unterschiedliche graphische Darstellungen am Computer (mit der Software Excel) zu erfassen und zu interpretieren.

Die Schüler waren bei der Erstellung und Auswertung der Umfrage zur Schülersprecherwahl sehr engagiert. Sie brachten sich stets mit vielen Ideen und ihrem Wissen in den Unterricht ein.

Bei der Erarbeitung des Erfassungsbogens formulierten die Schüler Fragen für die Schülerumfrage eigenständig. Es gelang ihnen sich bei den Fragen auf das Wesentliche zu beschränken. Die gefundenen Merkmale der Schülerumfrage waren sowohl nominal als auch ordinal ska-

---

[5] http://www.[Webseite der Schule].de (online, 07.01.2014)

liert. Entsprechend wurden von den Schülern bei den Antwortmöglichkeiten passende Merkmalsausprägungen zugeordnet.

In der Phase der Auswertung und Darstellung der Daten konnten alle Schüler mit dem Tabellenkalkulationsprogramm Excel eigenständig arbeiten. Die Schüler entwickelten zudem multimediale Kompetenz am Computer. Sie konnten Säulen- und Kreisdiagramme mit Excel erstellen und die Informationen mündlich und schriftlich kommunizieren.

Die Schüler konnten selber Informationen in graphische Darstellungen verdichten und darüber ihre Mitschüler der Grund- und Werkrealschule informieren. Das „Meinungsforschungsinstitut" – die Klasse 4a – erreichte mit der Auswertung der Schülerumfrage, dass es bei der diesjährigen Schülersprecherwahl einen eigenen Schülersprecher für die Grundschule gibt und des Weiteren, dass die Erst- und Zweitklässler ebenfalls stimmberechtigt sind. Die Schüler konnten ein Stück weit ihre Erkenntnisse aus dem Mathematikunterricht zur Bewältigung ihres alltäglichen Lebens anwenden.

7. Literaturverzeichnis

Büchter, A., Henn H.-W. (2005): Elementare Stochastik. Eine Einführung in die Mathematik der Daten und des Zufalls (Mathematik für das Lehramt). Springer, Heidelberg

Engel, J. (2010): Anwendungsorientierte Mathematik: Von Daten zur Funktion - Eine Einführung in die mathematische Modellbildung für Lehramtsstudierende. Springer Verlag: Heidelberg

Klafki, W. (1996): Neue Studien zur Bildungstheorie und Didaktik: Zeitgemäße Allgemeinbildung und kritisch-konstruktive Didaktik. Beltz, Weinheim S.56

Krauthausen, G., Scherer P. (2008): Einführung in die Mathematikdidaktik. Spektrum Akademischer Verlag, Heidelberg

Kultusministerkonferenz (2004). Bildungsstandards der im Fach Mathematik für den Primarbereich (Jahrgangsstufe 4). Luchterhand München

Ladel, S. (2012): Computer an und ran? Nein! In: Grundschulunterricht Mathematik (04|2012) Oldenbourg Schulbuchverlag, München

Ministerium für Kultus, Jugend und Sport (Hrsg.) (2004): Bildungsplan Grundschule Baden-Württemberg

Rathgeb-Schnierer, E. (2005): Kommunikation als zentrales Element im Mathematikunterricht – Kinder artikulieren Entdeckungen und Lösungswege. In: Engel, J. u.a. (Hrsg): Strukturieren – Modellieren – Kommunizieren, Leitbilder mathematischer und informatischer Aktivitäten. Franzbecker Verlag: Hildesheim, Berlin

7.1 Internetquellen

http://www.[Webseite der Schule].de (online, 07.01.2014)

18

https://www.[Webseite der Umfrage].de
(online, 08.11.2013)

8. Anhang

8.1 Schülerumfrage zur Schülersprecherwahl 2013

Schülersprecherwahl 2013

Wir, das Meinungsforschungsinstitut - die Klasse 4a - informieren euch rund um die Wahlen zur Schülersprecherwahl 2013 an unserer Schule. Wir werten die Meinungsumfrage aus und erstellen dazu Diagramme und Tabellen und schreiben kleine Artikel darüber. Die Ergebnisse der Umfrage werden an einer Stellwand vor dem Rektorat präsentiert.

Seite 1

Bald steht wieder die Wahl zum Schülersprecher oder zur Schülersprecherin an.

Zunächst ein paar allgemeine Fragen zu der Wahl an unserer Schule:

1. **Welches Geschlecht sollte der Schülersprecher haben?**

Anzahl Antworten

○ männlich   49

○ weiblich   42

2. **Wie wichtig findest du es, dass es einen Schülersprecher/ eine Schülersprecherin an unserer Schule gibt?** *

1 = weniger wichtig, 5 = sehr wichtig

	1	2	3	4	5
kreuze an	○	○	○	○	○
	6x	18x	23x	22x	25x

3. **Wie wichtig findest du es, dass du den Schülersprecher/ die Schülersprecherin wählen kannst?** *

1 = weniger wichtig, 5 = sehr wichtig

1	2	3	4	5
○	○	○	○	○
9x	14x	23x	13x	35x

4. **In welcher Klassenstufe sollte der Schülersprecher/ die Schülersprecherin sein?** *

	3	4	5	6	7	8	9	10
Klasse	○	○	○	○	○	○	○	
	1x	16x	10x	7x	13x	10x	23x	14x

5. **Sollten die Erst- und Zweitklässler auch wählen dürfen?**

○ ja   54

○ nein   38

6. **Sollte es einen extra Schülersprecher/ eine Schülersprecherin für die Grundschule geben?**

○ **Ja, aus Klasse 4**   35

○ **Ja, aus Klasse 3**   3

○ **Ja, aus Klasse 3 oder 4**   20

○ **Nein**   32

7. **Würdest du dich gerne zur Schülersprecherwahl als Kandidat/ als Kandidatin aufstellen lassen?**

○ **Ja**   21

○ Nein   43

○ **Weiß nicht**   27

Und nun noch ein paar Fragen über den zukünftigen Schülersprecher/ die zukünftige Schülersprecherin.

8. **Wie soll ein Schülersprecher/ eine Schülersprecherin sein?**

☐ nett   60

☐ hilfsbereit   74

☐ verständnisvoll   51

☐ intelligent   31

9. **Stimmst du den folgenden Aussagen zu:**

1 = weniger wichtig, 5 = sehr wichtig

Ein Schülersprecher/ Eine Schülersprecherin…

	1	2	3	4	5
…sollte Verständnis haben und die Wünsche der Schüler erfüllen:	4x	6x	16x	18x	45x
…sollte dafür sorgen, dass die Pausen länger gehen:	17x	14x	14x	11x	31x
…sollte vor der ganzen Schule sprechen können:	4x	4x	10x	11x	58x
…versucht Konflikte zu lösen:	2x	7x	15x	26x	30x

10. Was ist dir sonst noch wichtig?

Ein Schülersprecher/ Eine Schülersprecherin

	1	2	3	4	5
übernimmt gerne Ver- antwortung	3x	7x	18x	21x	37x
kann gut zuhören	3x	6x	3x	27x	38x
hat gute Noten	14x	10x	14x	20x	17x
ist selbständig	11x	5x	13x	20x	29x

Vielen Dank, dass du bei unserer Umfrage mitgemacht hast!!

Das Fenster kann nun geschlossen werden.

8.2 Lernstandserhebung

Aufgabe 1

Zeichne ein Säulendiagramm zu der Stimmverteilung der Kandidaten der Schülersprecherwahl 2012!

56 % der Kinder haben
diese Aufgabe richtig ge-
löst

Aufgabe 2

Schreibe einen kleinen Artikel zu den Ergebnissen der Schülersprecherwahl 2012!

____

____

____

____

Aufgabe 3

Zeichne die Wahlbeteiligung der Schülersprecherwahl 2012 in das Kreisdiagramm ein!

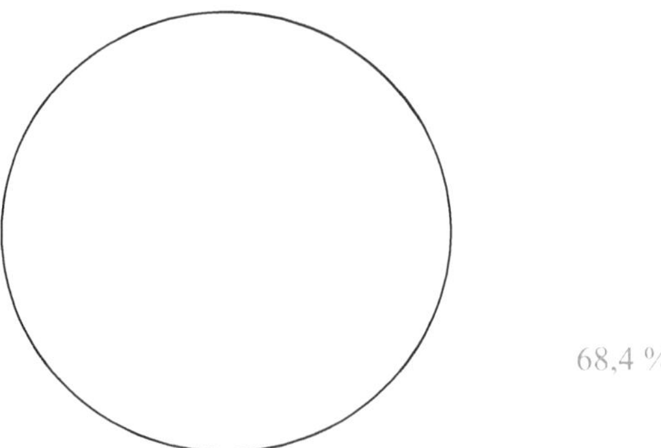

68,4 %

Aufgabe 4

Wie viele Stimmen hat ein/e Kandidat/in im Durchschnitt bekommen?

12,5%

Aufgabe 5

Die Tabelle zeigt das Alter der Jungen und Mädchen einer vierten Klasse.

Alter	Anzahl der Jungen	Anzahl der Mädchen
9	6	8
10	9	3
11	2	0

a) Wie viele Jungen sind in der 4. Klasse? 74%

b) Wie viele Kinder besuchen diese vierte Klasse? 79%

c) Wie viele der Kinder sind neun Jahre alt? 79%

d) Wie viele der Kinder sind älter als neun Jahre? 70%

insgesamt 75,5%

Aufgabe 6

Das Säulendiagramm stellt die Anzahl der Jungen (J) und Mädchen (M) der Waldorfschule dar.

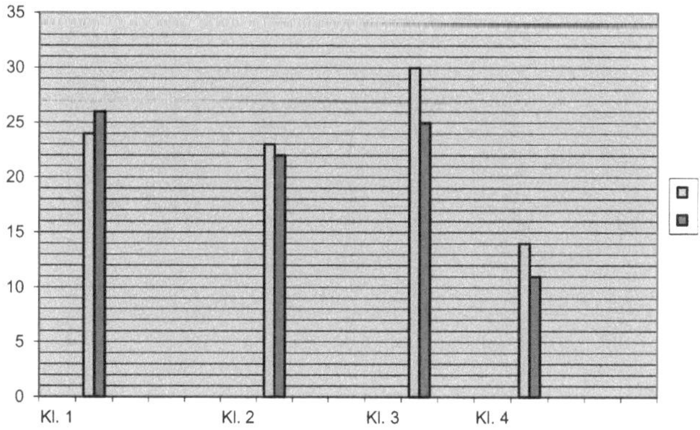

Fülle zu diesem Säulendiagramm die Tabelle aus.

Klassenstufe	Junge	Mädchen	gesamt
Klasse 1			
Klasse 2			
Klasse 3			
Klasse 4			
gesamt			

70,5 %

# BEI GRIN MACHT SICH IHR WISSEN BEZAHLT

- Wir veröffentlichen Ihre Hausarbeit, Bachelor- und Masterarbeit

- Ihr eigenes eBook und Buch - weltweit in allen wichtigen Shops

- Verdienen Sie an jedem Verkauf

Jetzt bei www.GRIN.com hochladen und kostenlos publizieren